S. RICHARD

LA
GÉOMÉTRIE

Nature des axiomes

Nature du raisonnement – Notion d'Espace

LES PRESSES UNIVERSITAIRES DE FRANCE

LA GÉOMÉTRIE

J. RICHARD

LA GÉOMÉTRIE

PARIS (V^e)

LES PRESSES UNIVERSITAIRES DE FRANCE
49, Boulevard Saint-Michel, 49

1929

INTRODUCTION

Ce travail est écrit avec le souci d'être compris même des personnes n'ayant en mathématiques que des connaissances élémentaires.

La première partie a trait à la nature des axiomes. Pour la comprendre il faut savoir ce que c'est qu'un groupe. Je l'ai expliqué aussi clairement que possible.

La seconde partie explique la nature du raisonnement.

La troisième est relative à la notion d'espace ; j'y montre en particulier comment les propositions relatives à quatre dimensions ou plus peuvent être interprétées dans l'espace ordinaire.

J. RICHARD.

LA GÉOMÉTRIE

PREMIÈRE PARTIE

PRINCIPES

1º Généralités, Postulatum d'Euclide

Il y a une vingtaine d'années la question de l'enseignement géométrique faisait couler des flots d'encre. On voulait le renouveler, on qualifiait la géométrie d'Euclide d'édifice vermoulu, et quelques-uns même préconisaient une géométrie expérimentale.

Cette épidémie est passée, mais il en reste un préjugé assez singulier et de nature à nuire au bon enseignement ; on prétend que la géométrie, telle qu'on l'enseigne, manque de rigueur, et qu'une géométrie vraiment rigoureuse serait trop compliquée pour un enseignement élémentaire.

Cette idée fausse est suggérée, semble-t-il, par le mémoire d'Hilbert sur les fondements de la géométrie et par la géométrie rationnelle de Halsted, conforme au mémoire de Hilbert.

Comme dans ces deux livres on ne se sert pas des déplacements, cela a fait croire qu'il n'était pas légitime de s'en servir.

Hilbert n'est pas le seul qui ait écrit sur les fondements de la géométrie, et d'autres mathématiciens ont présenté les choses de façon beaucoup plus naturelle et moins compliquée.

Houel, dans l'opuscule intitulé *Réflexions sur les 32 premières propositions d'Euclide* énonce l'axiome suivant : « Une figure peut être transportée d'une façon quelconque, sans qu'aucun de ses éléments, distances et angles, change de grandeur.

Sur cet énoncé il faut faire plusieurs remarques. En premier lieu les mots *d'une façon quelconque*, ne sont pas assez précis, il faut indiquer le degré de généralité du déplacement, je le ferai tout à l'heure. En second lieu Houel postule les notions de distances égales et d'angles égaux ; mais Hilbert en fait autant et les partisans d'Hilbert n'ont rien à reprocher à Houel.

On peut du reste se borner à admettre la notion de longueurs égales. Un déplacement sans déformation est une correspondance de point à point, et la distance de deux points est égale à celle de leurs correspondants. De plus un déplacement peut résulter de plusieurs autres dont chacun change la figure aussi peu qu'on voudra. Je reviendrai là dessus plus loin.

Cela est à vrai dire trop compliqué pour les débutants ; il vaut mieux, dans l'enseignement élémentaire admettre qu'une figure peut, sans cesser d'être identique à elle même, occuper dans l'espace diverses positions. C'est ce qu'on admet dans toutes les géométries, et je ne vois rien à reprendre à cette manière de procéder ; toutefois il faut préciser le degré d'indétermination du déplacement.

J'énoncerai l'axiome suivant, qui sera l'axiome fondamental.

Soient A et B deux points, AX et BY deux demi-droites commençant l'une en A, l'autre en B, et P et Q deux demi-plans limité l'un par AX, et l'autre par BY. *Il existe un déplacement et un seul* amenant A en B, amenant AX sur BY, et le demi-plan P sur le demi-plan Q.

Une fois cet axiome admis, les premières démonstrations de la géométrie, les cas d'égalité des triangles par exemple, se traitent d'une façon qui ne laisse rien à désirer.

Je vais parler maintenant du postulatum d'Euclide et je vais faire d'abord un bref historique de cette question.

Le postulatum est une proposition équivalente à l'axiome XI du traité d'Euclide, et on l'énonce habituellement ainsi « Par un point on ne peut mener qu'une parallèle à une droite ». On a cherché longtemps une démonstration, sans pouvoir parvenir à ce résultat à moins d'admettre quelqu'autre axiome. Puis l'idée est venue qu'il n'était peut-être pas démontrable, c'est-à-dire n'était pas une conséquence logique des autres axiomes. Lobatchefky et Bolyaï ont établi des géométries logiquement enchaînées où l'axiome en question est supposé faux, sans que ces géométries renferment de contradictions. Toutefois il n'est pas certain que cette absence de contradiction persiste dans des déductions plus lointaines, et un grand pas restait à faire.

Riemann a envisagé la géométrie d'une autre façon. En admettant qu'à chaque point correspondent 3 nombres x, y, z qui sont ses coordonnées, la distance de deux points sera une fonction de leurs coordonnées ; il existe des distances pour lesquelles le postulatum est vrai, d'autres pour lesquelles il est faux.

Klein et Cayley ont envisagé les choses autrement.

Ils ont montré qu'en appelant *droite*, *plan*, *distance*, *angle*, d'autres objets que ceux désignés habituellement par ces mots, on a, avec ce sens nouveau, un système d'objets pour lesquels le postulatum est faux sans que les autres axiomes cessent d'être vrais. D'où il résulte que le postulatum n'est point une conséquence des autres axiomes.

Il est donc parfaitement établi que le postulatum n'est pas démontrable.

Il y a une autre question un peu différente, c'est la suivante : le postulatum est-il vrai ou faux ? Les premiers auteurs de géométries non euclidiennes, voyant qu'on ne pouvait démontrer l'axiome l'ont considéré comme une vérité expérimentale. La géométrie non euclidienne exige dans ses formules l'introduction d'une constante qu'on peut nommer rayon de courbure de l'espace, et si cette constante est infinie on a la géométrie euclidienne. L'expérience, disaient les premiers non euclidiens, prouve que cette constante est très grande, elle ne prouve pas qu'elle soit infinie ; des observations astronomiques pourraient la faire connaître.

Expliquons cela ; si le postulatum est faux, on démontre que la somme des angles d'un triangle est inférieure à deux droits, et que sa différence avec deux droits est proportionnelle à l'aire du triangle. Or dans les plus grands triangles fournis par l'astronomie, cette différence est inférieure aux erreurs d'observation.

On considérait donc le postulatum comme démontré par l'expérience, avec une approximation énorme et non infinie cependant.

Ce point de vue n'est pas juste. Les triangles dont on parle ont pour côtés des rayons lumineux ; il faut donc admettre que la lumière se propage en ligne droite.

Si l'on trouvait un résultat en désaccord avec le postulatum, cela pourrait bien provenir de ce que la propagation de la lumière n'est pas rectiligne. Si vous n'avez pas encore défini la ligne droite, vous avez le droit de dire je nomme ligne droite le rayon lumineux, mais alors non seulement le postulatum, mais d'autres axiomes seront peut être faux pour ces sortes de droites. Mais vous pouvez dire aussi : je nomme ligne droite quelque chose qui satisfait au postulatum, et alors si l'observation mettait celui-ci en défaut, c'est que la propagation de la lumière ne serait pas rectiligne.

Nous aboutissons donc à cette conclusion, bien mise en lumière par Poincaré. *Le postulatum est une définition déguisée.*

J'expliquerai par la suite ce que le postulatum définit.

2° Les transformations. Groupes

Pour bien expliquer la nature des axiomes, je dois parler d'abord des groupes de transformations. Désireux d'être compris du plus grand nombre de lecteurs possible, j'entrerai dans des détails qui paraitront inutiles à beaucoup d'entre eux.

Je n'envisage ici que des correspondances de point à point. Une telle correspondance est une règle pour faire correspondre un point à un autre point.

Exemple : J'ai un point fixe O, que je nomme *centre de symétrie* ; à chaque point A, je fais correspondre un point B comme il suit. Je joins A à O et je prolonge cette droite en OB d'une longueur égale en sorte que O soit le milieu de AB. Cette correspondance entre A et B se nomme symétrie par rapport au point O.

Autre exemple : J'ai un plan fixe P que je nomme

plan de symétrie, à chaque point A je fais correspondre un point B en menant sur le plan une perpendiculaire AH, et la prolongeant de quantité égale en HB, en sorte que le plan P soit perpendiculaire à AB en son milieu. Cette correspondance se nomme symétrie par rapport au plan P.

Au lieu du mot correspondance on emploie souvent le mot transformation. Au lieu de dire qu'à une première figure en correspond une seconde, on dit que cette seconde figure est la transformée de la première.

Le déplacement sans déformation est une correspondance. Considérons une figure F et supposons la transportée en G, sans déformation. A étant un point quelconque nous pouvons supposer ce point invariablement lié à la figure F. Lorsqu'on déplace cette figure, le point A se déplace avec elle. Lorsque F vient en G, le point A vient occuper une position B. B sera ainsi le point correspondant de A.

Je vais maintenant définir le produit de deux transformations.

Soit T une transformation qui au point A fait correspondre le point B, *une transformation qui change A en B.* Soit S une seconde transformation qui change B en C, c'est-à-dire qui au point B fait correspondre le point C.

En faisant les deux transformations l'une après l'autre on change d'abord A en B, puis B en C, on change donc en définitive A en C. Cette transformation qui change A en C et qui résulte des transformations T et S faites successivement sera nommée le produit de T par S et désignée par TS.

Il est indispensable de remarquer que la transformation faite en premier lieu est placée *à gauche* dans la notation TS (dans certains ouvrages on fait la convention contraire).

Le produit de T par S n'est pas égal à celui de S par T en général. On pourrait le montrer par des exemples, mais le produit de TS par une 3me transformation U est égal à celui de T par SU :

$$(TS)U = T(SU).$$

Supposons en effet que T change A en B, que S change B en C et que U change C en D.

Alors TS change A en C, U change C en D, donc le produit de TS par U change A en D.

De même T change A en B et SU change B en D donc le produit de T par SU change A en D.

Nos deux produits changent tous deux A en D ; ils sont une seule et même transformation que l'on désigne par TSU, en supprimant les parenthèses.

Définissons maintenant la transformation inverse. Si une transformation change A en B, la transformation inverse est celle qui change B en A. On la désigne en mettant à la transformation l'exposant — 1. L'inverse de S est S^{-1}.

Le produit de S par son inverse change A en B puis B en A, c'est-à-dire ne change rien. La transformation qui ne change rien se désigne par le chiffre 1, parce que dans la multiplication ordinaire on ne change pas un nombre en le multipliant par l'unité.

Après ces détails sur les transformations j'aborde une nouvelle notion, celle de *groupe*.

On dit qu'un ensemble de transformation forme un groupe, s'il possède les propriétés suivantes.

1° Le produit de deux transformations de l'ensemble est aussi une transformation de l'ensemble.

2° L'inverse d'une transformation de l'ensemble est aussi une transformation de l'ensemble.

Comme exemple de groupe on peut donner l'ensemble de tous les déplacements ; je vais montrer que ceux-ci forment un groupe.

Nous avons déjà parlé des déplacements sans déformation, ils changent une figure en une figure égale. Or, nous admettons en premier lieu que deux figures égales à une 3me sont égales entre elles, et en 2me lieu que l'égalité est réciproque, c'est-à-dire que si A = B, B = A.

Ainsi relativement aux figures égales nous avons les deux axiomes suivants, où les lettres désignent des figures.

Si   A = B et si B = C, A = C.

2º Si   A = B ;   B = A.

Soit alors T un déplacement qui change A en B, les figures A et B seront égales, étant transformées l'une de l'autre par un déplacement. Soit V un second déplacement changeant B en C. Les figures B et C seront égales pour la même raison.

A étant égale à B et B égale à C les figures A et C seront égales entre elles et par conséquent la transformation TV qui les change l'une dans l'autre sera un déplacement.

Donc *le produit de deux déplacements est un déplacement*. T changeant A en B son inverse change B en A ; or A = B et par suite B = A. La transformation qui change B en A est un déplacement. Donc *l'inverse d'un déplacement est un déplacement*.

Puisque le produit de deux déplacements ainsi que l'inverse d'un déplacement sont des déplacements, les déplacements forment un groupe.

Une autre notion importante est celle de groupes *isomorphes*. Soit G un groupe, S une transformation du groupe, et H une transformation ne faisant pas partie du groupe, et pouvant même être d'une nature très différente.

Nous supposons que H change A en a, B en b, C en c, etc., en désignant par des minuscules les éléments transformés.

Si la transformation S du groupe G change A en B on peut envisager la transformation s qui change a en b. Elle correspond en quelque sorte à la transformation S. C'est le produit $H^{-1}SH$; en effet H^{-1} change a en A, S change A en B, H change B en b. Le produit considéré change donc a en b.

Cette transformation s se nomme la transformée de S par H.

Au produit de deux transformations S correspond le produit des deux transformations s correspondantes, et à la transformation inverse de S correspond la transformation inverse de s. Cela est facile à démontrer je ne m'y arrête pas. Il en résulte qu'au groupe G correspond un groupe g.

Ces deux groupes sont dits *isomorphes*. On dit aussi qu'ils ont même *texture*. La texture d'un groupe est ainsi une sorte de propriété commune à deux groupes isomorphes.

On peut présenter cela de façon imagée.

Envisageons par exemple le groupe des déplacements, et considérons un miroir déformant les objets. L'image d'un objet A sera un objet a ; le miroir ayant pour effet de faire subir aux objets la transformation H.

Alors quand on fera subir des déplacements à des objets, leurs images ne subiront pas de simples déplacements, mais subiront les transformations du groupe *g*, isomorphe du groupe G des déplacements.

3° Application à la Géométrie

Au lieu de partir de la notion de figures égales, je trouve plus simple de partir de la notion de distances égales.

Soient A et C deux points d'une figure, B et D leurs correspondants par une certaine transformation T. Si $AC = BD$ je dirai en abrégé que la transformation T conserve la distance. Cela veut dire que la distance de deux points est égale à celle de leurs correspondants.

Les transformations conservant la distance forment un groupe car si deux transformations T et V conservent la distance, leur produit TV la conservera aussi, de même que l'inverse de T. Ce nouveau groupe est plus général que celui des déplacements, car une symétrie par rapport à un point, ou à un plan conserve aussi les distances, la distance de deux points étant toujours égale à la distance de leurs symétriques.

Je nommerai ce groupe, groupe fondamental, ou groupe F ; le groupe des déplacements est un sous groupe du groupe F, il est contenu dans le groupe F.

Nous nommons G le groupe des déplacements ; une propriété de ce groupe c'est d'être engendré par des transformations infiniment petites, c'est-à-dire qu'un déplacement peut toujours être considéré comme le produit d'un grand nombre de déplacements dont chacun déplace la figure aussi peu qu'on voudra. Cette propriété distingue le groupe G du groupe F.

La notion de figures égales est comme je l'ai dit, à la base de la géométrie, admettre cette notion c'est admettre l'existence du groupe G. Dans la façon ordinaire de parler on superpose deux figures. Superposer deux figures, c'est les faire correspondre par une transformation du groupe G.

Pour pouvoir raisonner sur les déplacements, il faut évidemment admettre comme axiomes assez de propriétés des déplacements pour que toutes les autres puissent s'en déduire. On n'aura pas un nombre suffisant d'axiomes tant que tous les groupes vérifiant ces axiomes n'auront pas les mêmes propriétés, c'est-à-dire tant qu'ils ne seront pas isomorphes entre eux.

Or, si l'on admet tous les axiomes de la géométrie élémentaire sauf le postulatum d'Euclide, on peut démontrer l'existence de plusieurs groupes non isomorphes entre eux, vérifiant tous ces axiomes.

Cela résulte de l'existence de la géométrie non euclidienne. Dans la géométrie de Cayley par exemple, on considère une sphère fixe S et l'on nomme *Espace* l'intérieur de cette sphère. On nomme *droite* un cercle coupant cette sphère à angle droit ; le sens ordinaire du mot *angle* est conservé. Le groupe fondamental sera ici le groupe des transformations conservant les angles et changeant en elle-même la sphère S. Les déplacements formeront un sous groupe du groupe fondamental, comme ci-dessus. Tous les axiomes de la géométrie sont vrais, sauf le postulatum, mais le groupe des déplacements *dans ce sens nouveau* n'est pas isomorphe du groupe des déplacements ordinaires (voir la *Géométrie* de M. Hadamard).

Il y a donc des groupes non isomorphes entre eux, vérifiant les axiomes de la géométrie sauf le postulatum et pour définir la texture du groupe des déplacements, il faut un axiome de plus, le postulatum d'Euclide.

*Le postulatum d'Euclide est donc bien une définition;
ce qu'il définit c'est* **la texture du groupe des déplacements.**

Le postulatum d'Euclide, tel qu'on l'énonce ordinairement ne semble pas être une propriété des déplacements. On peut se proposer de le remplacer par quelqu'autre axiome qui se refère au groupe des déplacements.

Rousseau, professeur au lycée de Dijon, qui fut tué à l'ennemi en 1916 au bois d'Avaucourt, avait constitué une géométrie où ce rôle du postulatum n'était pas masqué.

Uns translation est un déplacement dans lequel une certaine droite glisse sur elle-même, et un plan passant par cette droite glisse aussi sur lui-même. Il est facile de démontrer que tous les plans passant par cette droite glissent aussi sur eux mêmes.

Rousseau admet un axiome qu'on peut énoncer ainsi : *les translations forment un groupe.* Si l'on enseigne cette géométrie, point n'est besoin de prononcer le mot groupe ; on peut dire : « *si une translation fait prendre à une figure A la position B, et si une seconde translation amène B dans la position C, il existe alors une translation résultante, amenant A dans la position C* ». De plus l'inverse d'une translation est une translation.

Cet axiome remplace celui d'Euclide ; il est fort commode. Démontrons par exemple que deux parallèles à une troisième sont parallèles entre elles. Il convient dans cette manière de faire de donner la définition suivante des parallèles. Ce sont des droites qui peuvent être superposées par une translation. Soient alors deux droites B et C toutes deux parallèles à une **droite A.**

B étant parallèle à A, il existe une translation amenant B en A, A étant parallèle à C il existe une translation amenant A en C, la translation résultante amène B en C ; puisqu'une translation amène B en C, B et C sont parallèles. On admet dans ce qui précède la réciprocité du parallélisme. *Si C est parallèle à A, A est parallèle à C.* Si l'on énonce l'axiome « les translations forment un groupe » il n'est pas nécessaire d'admettre séparément la réciprocité du parallélisme, car les translations formant un groupe, l'inverse d'une translation est une translation. Dès lors si C est parallèle à A, une translation amène A en C, donc l'inverse amène C enA, donc A est parallèle à C.

Mais si on fait la théorie sans prononcer le mot *groupe,* il faut admettre séparément la réciprocité du parallélisme.

Deux angles dont les côtés sont parallèles et de même sens sont égaux, car une translation superpose ces deux angles. On démontre ensuite facilement l'égalité des angles alternes-internes, et l'on peut alors démontrer que la somme des angles d'un triangle vaut deux angles droits.

Il serait facile d'enseigner en suivant la méthode de Rousseau, mais elle a un intérêt théorique que je voudrais faire ressortir. Le postulatum, d'après Rousseau équivaut à cette proposition : « Le groupe des déplacements contient un *sous-groupe invariant,* engendré par des transformations infiniment petites ».

J'explique d'abord ce que cela veut dire. Soit G un groupe, S une transformation du groupe, et H une autre transformation. Nous avons vu que si S change A en B, si H change A en *a,* et B en *b,* la transformation *s,* changeant *a* en *b* se nomme la transformée de S par H.

Les transformations *s* forment alors un groupe *g* qu'on nomme le transformé de G par H.

Nous avons déjà vu tout cela, mais supposons que H soit une transformation faisant partie d'un groupe K contenant G comme sous groupe.

Il peut arriver que, quelle que soit la transformation H prise dans le groupe K, le groupe *g* transformé de G ne soit autre que le groupe G lui-même. On dit alors que ce groupe est invariant dans K, ou que c'est un sous groupe invariant du groupe K.

Il est facile de montrer que le groupe des translations est un sous groupe invariant dans le groupe des déplacements.

En effet soit AC un segment de droite, qui vient en BD par une translation, ABCD sera alors un parallélogramme. Cette propriété caractérise les translations. Une translation change un segment en un autre égal au premier, parallèle et de même sens, et réciproquement tout déplacement qui possède cette propriété est une translation.

Un déplacement quelconque change le parallélogramme ABCD en une figure égale, c'est-à-dire en un autre parallélogramme *a b c d*. Alors d'après ce qui précède, la transformation qui change *a* en *c* et *b* en *d* est aussi une translation. Ainsi la transformée d'une translation par un déplacement quelconque est une translation. Or, c'est précisément là ce qu'on voulait démontrer.

Le théorème de Rousseau est la réciproque : si le groupe des déplacements admet un sous groupe invariant (engendré d'ailleurs par des transformations infiniment petites) ce sous groupe est le groupe des translations.

La démonstration est un peu longue ; je me bornerai à des indications permettant de la rétablir.

Soit K le groupe des déplacements, et G le sous groupe invariant dont il est question dans l'énoncé.

I. — On démontrera d'abord que dans le groupe G il n'y a aucune transformation changeant le point A en lui-même. S'il en existait une, en transformant par un déplacement changeant A en a, on aurait une transformation changeant a en lui-même. Il y aurait donc dans le groupe G des transformations changeant en lui-même un point donné quelconque.

Transformons maintenant la transformation considérée par un déplacement conservant le point A, on obtiendra encore une transformation conservant le point A. On arrive ainsi à démontrer que le sous groupe G contiendrait tous les déplacements. Ce ne serait pas un véritable sous groupe.

II. — On peut ensuite démontrer qu'il y a une seule transformation changeant un point donné A dans un point donné B, car s'il y en avait deux, le produit de l'une par l'inverse de l'autre changerait le point A en lui-même. Je pourrai donc parler de la transformation AB, qui change A en B. Si nous transformons par un déplacement qui change A en a et B en b, la transformée de la transformation AB sera la transformation $a\ b$.

III. — On démontre ensuite que la transformation AB change un point C de la droite AB en un point D de la même droite. En effet transformons par un déplacement nous aurons les transformés de A B C D qui seront $a\ b\ c\ d$; si nous prenons pour ce déplacement une rotation autour de AB, les points A B C qui sont sur l'axe se changeront en eux-mêmes. La transformée de la transformation A B sera donc la transformation AB elle-même. A B C D coïncident avec $a\ b\ c\ d$, donc D se change en lui-même par la rotation autour de AB, donc D est sur l'axe de rotation, c'est-à-dire sur la droite AB.

IV. — Enfin le plus difficile est de démontrer que la transformation AB change en lui-même un plan quelconque passant par AB. Soit C un point non situé sur AB, D le transformé de C. Si les plans ABC et ABD ne coïncident pas ils feront un certain angle a. La transformation change A en B, B en B_1, B_1 en B_2, etc. Ces points sont tous en ligne droite d'après ce qui précède ; ils sont équidistants puisque la transformation change chaque segment en un segment égal.

De même la transformation change C en D, D en D_1, D_1 en D_2, et ces points sont tous alignés et équidistants. Les plans passant par AB et respectivement par C D D_1 D_2, etc., font chacun l'angle a avec le précédent. Le $n^{\text{ième}}$ plan fait avec le plan initial l'angle na. Si n est suffisamment grand, cela fait plus d'un tour. Or, cela est impossible, car si cela était, le plan ABM, lorsque M décrit CD repasserait deux fois par la même position, il y aurait deux points M et N tels que ABM coïncide avec ABN, AB et MN seraient dans un même plan, et la droite MN coïncidant avec CD, AB et CD seraient dans un même plan, ce qui est contre l'hypothèse. On aboutit donc à une contradiction, en supposant que AB et CD ne sont pas dans un même plan.

Ce qui précède montre que le postulatum d'Euclide équivaut à cette proposition : *Le groupe des déplacements contient un sous groupe invariant, engendré par des transformations infiniment petites.*

Le groupe des déplacements a été étudié par Darboux, une note sur ce sujet se trouve dans la géométrie de Nievenglowski et Gérard.

On peut appeler *renversement*, ou *transposition* autour d'une droite une rotation de deux angles droits ayant cette droite comme axe. Darboux démontre que tout déplacement équivaut à deux renversements autour de deux droites ; on a une rotation lorsque ces droites se coupent, et une translation si elles sont parallèles.

Je vais maintenant envisager une autre propriété du groupe des déplacements ; cette propriété, qui équivaut aussi au postulatum d'Euclide, s'énonce ainsi : le groupe des déplacements est un sous groupe invariant dans un groupe plus général. Dans ce groupe plus général il y a une transformation changeant un groupe de deux points A et B dans un groupe de deux points quelconques donnés a et b.

Admettons donc cette proposition, et voyons ce que nous pouvons en tirer.

D'abord une transformation de ce groupe plus général S, changera deux longueurs égales AB et CD en deux longueurs égales ab et cd. En effet, AB et CD étant deux longueurs égales il existe un déplacement amenant AB sur CD, la transformation correspondante, est aussi un déplacement puisque le groupe des déplacements est invariant dans le groupe S, donc cd est transformée de $a\,b$ par un déplacement : donc $ab = cd$.

Lorsqu'on veut exposer la géométrie par cette méthode et sans parler de groupe il est convenable d'exposer les choses ainsi :

On admet l'existence de transformations, plus générales que les déplacements, changeant deux longueurs égales en deux longueurs égales. Deux points A et B étant donnés il existe toujours des transformations de cette espèce les changeant en deux points quelconques a et b.

I. — Ces transformations S changent les droites en droites et les plans en plans. Il y a plusieurs façons de démontrer cela. Je choisis la suivante : j'adopte la définition de la ligne droite suivante qui est due je crois à Leibniz. On dit que le point M est sur la droite AB s'il n'existe aucun point P distinct de M, tel qu'on ait à la fois AM = AP et BM = BP, alors en transformant par une transformation S, à quatre points A B M P correspondront quatre points $a\ b\ m\ p$.

Alors la transformée de la ligne droite ABM sera une ligne telle qu'il n'existe aucun point p distinct de m pour lequel on ait à la fois $am = ap$ et $bm = bp$.

De même on peut définir le plan comme il suit : A B C étant trois points non en ligne droite, on dit que M est dans le plan ABC s'il n'existe aucun point P distinct de M, tel qu'on ait à la fois

$$AM = AP, \quad BM = BP, \quad CM = CP$$

on voit alors comme ci-dessus que nos transformations changent les plans en plans.

On peut aussi procéder autrement, et sans s'appuyer sur ces définitions de la droite et du plan.

Un plan est le lieu des points équidistants de deux points A et B. Une transformation le change dans le lieu des points équidistants des deux points a et b, c'est-à-dire en un autre plan.

Une droite est l'intersection de deux plans. Une transformation la change en l'intersection des deux plans correspondants c'est-à-dire en une autre droite.

Les transformations changent les sphères en sphères, car le lieu des points M tels que AM = AB, qui est la sphère de centre A et de rayon AB est changé dans le lieu des points pour lesquels $am = ab$, c'est-à-dire dans la sphère de centre a et de rayon ab. Un cercle étant l'intersection de deux sphères on voit de suite que les transformations changent les cercles en cercles.

Voici maintenant une proposition importante : le rapport de deux segments AB et CD est égal au rapport des deux segments *ab, cd* correspondants.

On sait que pour démontrer la proportionnalité entre deux séries de grandeurs, il suffit de démontrer les deux points suivants : 1º à deux grandeurs égales correspondent deux grandeurs égales ; 2º à une grandeur égale à la somme de deux astres correspond ne grandeur égale à la somme des deux grandeurs correspondantes à ces deux autres. Ce théorème est démontré dans les traités d'arithmétique. Or, dans le cas qui nous occupe, nous savons déjà que la première condition est réalisée, à deux segments égaux correspondent deux segments égaux ; voyons la seconde condition. Soient deux segments AC et CB placés bout à bout sur une ligne droite ; au aura AB = AC AB = AC + CB. Les segments correspondants seront placés bout à bout sur une même ligne droite, d'après ce qui précède, et l'on aura par suite : $ab = ac + cb$.

Nous avons admis que si C est entre A et B, c est aussi entre a et b ; on peut le voir de diverses façons. Par exemple les sphères de centres A et B passant par C se touchent *extérieurement* il doit en être de même des sphères de centres a et b.

On peut démontrer autrement cette proportionnalité et il n'est pas inutile de le faire. Décomposons AC en n parties égales, et supposons que CB contienne d'abord exactement q de ces parties. Comme à des grandeurs égales correspondent des grandeurs égales, ac et cb seront aussi décomposés en n parties égales et en q parties égales, le rapport des deux segments donnés sera celui de n à p, et il en sera de même du rapport de deux segments correspondants.

Si le rapport de AC à CB n'est pas commensurable, on démontrera encore que les deux rapports sont égaux en démontrant que tout rapport plus grand que l'un est plus grand que l'autre, et que tout rapport plus petit que l'un est plus petit que l'autre.

Les transformations considérées n'altèrent pas les angles, un angle a pour correspondant un angle égal. En effet considérons un cercle divisé en n parties égales. En joignant les points de division nous aurons un polygône régulier inscrit.

Au cercle la transformation fait correspondre un autre cercle, et au polygône régulier un polygone régulier ; l'autre cercle sera donc divisé en n parties égales.

Si un angle au centre du premier cercle intercepte p divisions, il vaut la fraction $\frac{p}{n}$ de quatre angles droits ; l'angle au centre correspondant interceptera p divisions sur le second cercle, et vaudra aussi la fraction $\frac{p}{n}$ de quatre angles droits il sera donc égal au premier.

Les angles valant une fraction de 4 angles droits sont donc égaux à leurs correspondants. Un raisonnement facile montre qu'il en est de même pour un angle quelconque, car un angle quelconque diffère aussi peu qu'on voudra d'une fraction convenablement choisie de quatre angles droits.

On aboutit ainsi à la théorie des figures semblables, et en partant de cette théorie on démontre facilement que la somme des angles d'un triangle vaut deux droits, proposition équivalente au postulatum d'Euclide.

DEUXIÈME PARTIE

LA LOGIQUE

1° Généralités

La logique est l'art de raisonner. Raisonner est une chose très simple et tout le monde raisonne sans jamais l'avoir appris. Pourtant il y a des traités de logique parfois volumineux et qui prétendent nous enseigner le raisonnement.

Aristote a donné les règles du syllogisme, tous les traités répètent ces règles, et presque tout le monde est convaincu que le raisonnement est composé de syllogismes, et cependant il n'en est rien.

Pour voir en quoi consiste un raisonnement, examinons la démonstration d'un théorème de géométrie ; prenons celui-ci, la somme des angles d'un triangle vaut deux angles droits.

Pour ne pas interrompre le cours de la démonstration j'énonce les 3 propositions suivantes dont je me servirai :

I. — Si par un point d'une droite on mène d'un même côté de cette droite plusieurs demi droites, la somme des angles successifs ainsi formés vaut deux angles droits.

II. — Si A X et B Y sont deux demi-droites situées dans un plan de part et d'autre de la droite AB, les angles B A X et A B Y sont dits *alternes-internes*. Si les droites A X et B Y sont parallèles, les angles alternes-internes sont égaux.

III. — Dans une égalité on peut remplacer toute grandeur qui y figure par une grandeur égale.

J'admets ces propositions : les deux premières ont été démontrées avant le théorème qui nous occupe, la troisième est une sorte d'axiome, ou, selon Leibniz la définition de l'égalité.

Ceci posé j'aborde la démonstration de mon théorème. Soit un triangle ABC (A. B et C sont des points, AB, BC et CA sont des segments de droite) je veux démontrer que la somme des angles ABC + CAB + BCA vaut deux angles droits. On fait une construction, c'est-à-dire que l'on ajoute à la figure quelqu'élément supplémentaire. Ici nous menons par le point A une parallèle à BC ; elle se compose de deux demi-droites, AX du côté de B et AY du côté de C (Prière au lecteur de faire la figure).

Ici commence le raisonnement proprement dit :

1.º AX et BC sont deux parallèles de part et d'autre de AB, la proposition II ci-dessus permet de dire : les angles XAB et ABC sont égaux comme alternes-internes, de même on peut dire : les angles YAC et ACB sont égaux comme alternes-internes. Mais la proposition I permet d'affirmer que la somme des angles XAB + BAC + YAC est égale à deux droits, et dans cette égalité nous avons le droit de remplacer XAB par ABC qui lui est égal et YAC par ACB qui lui est égal, donc la somme

$$ABC + BAC + ACB$$

est égale à deux droits.

On voit que le raisonnement consiste à appliquer les propositions I, II et III au cas de la figure. Le théorème est bien démontré en employant ces 3 propositions, *mais non pas en les enchaînant à la façon dont sont enchaînées les propositions dans un sorite.* On voit du reste que la proposition II est appliquée deux fois et à deux parties différentes de la figure.

On ne peut pas dire non plus que le raisonnement va du général au particulier. On applique il est vrai nos propositions à un cas, le cas de la figure, mais le cas de la figure n'est pas à proprement parler un cas *particulier,* c'est un cas *hypothétique,* c'est-à-dire à un cas qui se reproduit toutes les fois que l'hypothèse est réalisée, qui a par suite toute la généralité de l'hypothèse.

On peut même déduire d'un théorème un autre théorème plus général. Ainsi en admettant le théorème sur la somme des angles d'un triangle dans le seul cas du triangle rectangle, on peut le démontrer pour un triangle quelconque en décomposant celui-ci en deux triangles rectangles. *La déduction ne va donc pas du général au particulier.*

L'exemple précédent montre comment est faite une démonstration. On suppose un cas où l'hypothèse est vraie. On ajoute au besoin par une construction quelque chose à l'hypothèse. Il faut que cette construction soit possible. Dans le cas qui nous occupe on s'est servi de ce théorème « par un point on peut mener une parallèle à une droite ».

On fait ensuite une série de petits raisonnements. Avec le logicien américain Peirce nous nommons ces petits raisonnements des *inférences* : Exemple : les angles *e* et *f* sont alternes internes avec des côtés parallèles, donc ils sont égaux. Et pour faire cette inférence j'applique une proposition générale relative aux angles alternes-internes.

Cette série d'inférences relie l'hypothèse à la conclusion, par une chaîne plus ou moins bifurquée. Le premier chaînon appartient à l'hypothèse, et le dernier est la conclusion.

Il n'y a dans un raisonnement « A est vraie donc B est vraie » aucun principe de logique en jeu. On applique la proposition générale qui permet de conclure B quand A est vraie. *Comprendre* le sens d'une proposition générale c'est *savoir l'appliquer*. Aucune règle de logique n'est nécessaire pour passer à l'application, et c'est pour cela que le raisonnement est chose si simple, et que l'on raisonne sans jamais l'avoir appris.

Le raisonnement peut présenter certaines particularités dont je vais maintenant parler. Il y a le raisonnement *par l'absurde*. Il consiste à adjoindre à l'hypothèse le contraire de la conclusion à démontrer, et à prouver que cela conduit à quelque contradiction. Il est donc absurde de supposer l'hypothèse vraie et la conclusion fausse.

Le raisonnement par l'absurde est aussi naturel que l'autre. Une démonstration a toujours pour effet de déceler une contradiction, une impossibilité. La proposition *si A est vraie, B est vraie*, peut s'énoncer : *il n'y a aucun cas où A est vraie et B fausse.*

Il y a des cas où une démonstration par l'absurde est préférable pour des raisons de simplicité ou de brièveté. Dans d'autre cas une telle démonstration s'impose parce que c'est une impossibilité qu'il faut prouver. Ainsi pour prouver que le nombre π est irrationnel, c'est-à-dire n'est pas égal à une fraction, la seule façon de faire semble être de supposer que ce nombre égale une fraction, et de démontrer que cela conduit à une contradiction.

Dire qu'une démonstration par l'absurde éclaire moins l'esprit est une affirmation dénuée de sens précis.

Je vais maintenant parler du raisonnement par *récurrence* ou raisonnement de proche en proche.

Supposons qu'on veuille démontrer une certaine proposition relative à un polygone quelconque. On pourra la démontrer d'abord dans le cas du triangle, puis prouver que si elle est vraie pour les polygones ayant un certain nombre de côtés, elle l'est encore pour ceux qui ont un côté de plus. Dans ces conditions, la proposition étant vraie pour 3 côtés sera vraie pour 4. Etant vraie pour 4 elle le sera pour 5 et ainsi de suite. On l'étend de proche en proche à un nombre quelconque de côtés.

On a rattaché ce mode de raisonnement au principe suivant appelé très improprement « induction complète ».

« Si une proposition est vraie du nombre *un*, et si elle ne peut être vraie pour un nombre sans l'être pour son suivant elle l'est pour tous les nombres ».

On a discuté beaucoup sur ce principe. Peut-on le démontrer ? Est-il une définition du nombre, ou autre chose ?

Soit P la proposition dont il est question. Démontrons la pour le nombre 5 on dira :

P est vraie de un, donc P est vraie de deux,

P est vraie de deux, donc P est vraie de trois,

P est vraie de trois, donc P est vraie de quatre,

P est vraie de quatre, donc P est vraie de cinq.

Cela fait quatre inférences.

Si je veux démontrer la proposition pour le nombre 1000 cela m'obligera à faire 999 inférences ; cela exigera du temps et du papier ; au lieu de cela écrivons :

P est vraie de n, donc P est vraie de $n + 1$; et mettons *mentalement* à la place de n les 999 premiers nombres. C'est une manière abrégée de faire mes inférences. Je ne les écris pas, je les pense.

Cette considération peut-elle être appelée une démonstration du principe ? Non, si l'on prend le mot démonstration dans le sens strict. Il faudrait pour constituer une démonstration, procéder comme il suit : on dirait d'abord « soit P une proposition vraie du nombre un, et de plus P ne peut être vraie d'un nombre sans l'être de son suivant. Designant par x un entier quelconque, je vais démontrer que P est vraie de x ». Il faudra ensuite faire une série d'inférences, de telle sorte que la conclusion de la dernière soit que P est vraie de x. Or, ce n'est point ainsi qu'on a procédé, on n'a donc pas démontré le principe.

Mais on peut donner au mot *démontrer* un sens plus large et admettre que si une proposition concerne un entier quelconque x, on peut pour la démontrer faire un nombre d'inférences variable avec x. Alors ce qui précède pourra constituer une démonstration du principe.

M. Padoa a proposé de remplacer le principe par un autre : « Dans un ensemble de nombres entiers il y en a toujours un plus petit que tous les autres » admettons le.

Soit une proposition P vraie de *un*, et ne pouvant être vraie d'un nombre sans l'être de son suivant. x étant un entier quelconque je dis que P est vraie de x.

·Si cela n'était pas, il y aurait des nombres pour lesquels P ne serait pas vraie. Soit a le plus petit. P serait fausse de a et vraie de $a - 1$.

Mais, d'après l'hypothèse, P étant vraie du nombre $a - 1$ est vraie de son suivant, donc P est vraie de a.

P serait donc à la fois vraie et fausse de a, ce qui est absurde. P est donc vraie pour tous les nombres.

2° Sur la déduction

Dans une démonstration par récurrence on va semble-t-il du moins général au plus général ; mais cela n'a rien d'exceptionnel, et j'ai déjà donné un exemple d'une proposition démontrée pour un triangle rectangle d'abord puis pour un triangle quelconque.

On peut trouver bien d'autres exemples ; pour la projection d'une aire plane par exemple on prend d'abord le cas particulier ou l'aire plane est un triangle dont un côté est parallèle au plan de projection, puis on généralise ; dans le théorème sur l'angle inscrit, on considère d'abord le cas particulier où l'un des côtés passe par le centre.

Bref le passage très fréquent d'une proposition à une autre plus générale, montre que la déduction ne va pas du général au particulier.

J'ai déjà opposé la déduction au syllogisme. Le syllogisme dans sa forme ordinaire consiste à conclure du genre à l'espèce.

Soit le raisonnement suivant appelé syllogisme en *Barbara.*

Tout animal est mortel.

Or l'homme est un animal.

Donc l'homme est mortel.

On a 3 propositions générales ; admettons les deux premières ; soit x un homme quelconque. En vertu de la 2me proposition je puis faire l'inférence suivante :

x est un homme donc x est un animal.

Appliquons maintenant la 1re proposition, je pourrai dire :

x est un animal donc x est mortel.

Ainsi en partant de *x est un homme* j'aboutis à la conclusion *x est mortel* par une suite de deux inférences. *Le syllogisme n'est donc pas un raisonnement primordial, il se ramène à deux inférences.*

Le raisonnement suivant n'est pas un syllogisme.

Tout homme est mortel, or *Socrate* est un homme donc *Socrate* est mortel. C'est là une simple inférence, car *Socrate* est un individu et non une espèce. En vertu de la proposition générale admise, nous pouvons dire : x est un homme donc x est mortel, et à la place de x nous mettons *Socrate*.

Stuart Mill prétend que le raisonnement ne nous apprend rien. Il confond en réalité le raisonnement avec le syllogisme.

L'examen de cette question est intéressant et je vais y consacrer quelques lignes. Examinons d'abord le syllogisme suivant :

Tout homme est mortel, les hottentots sont des hommes, donc les hottentots sont mortels.

Selon Stuart Mill, on ne peut pas savoir que tout homme est mortel, si l'on n'a pas fait une statistique et constaté la chose pour toutes les espèces d'hommes et en particulier pour les hottentots. Ceci est déjà contestable, car on n'a jamais fait une pareille statistique ; mais outre cela l'exemple est mal choisi ; prenons le suivant.

Dans un quadrilatère inscriptible le produit des diagonales est égal à la somme des produits des côtés opposés ; or, un trapèze isoscèle est un quadrilatère inscriptible, donc, etc...

Or, pour démontrer le théorème qui sert de majeure à ce syllogisme, et que l'on nomme *théorème de Ptolémée*, on ne fait point de statistique, et l'on ne considère point séparément les trapèzes isoscèles, et l'objection de Stuart Mill perd toute sa force.

Mais alors nait une autre objection. Nous avons démontré une propriété des trapèzes isoscèles, en la supposant vraie de la classe plus générale des quadrilatères inscriptibles, et alors pour démontrer cette propriété de la classe plus générale, faudra-t-il l'admettre d'une classe plus générale encore ? On y serait condamné, s'il n'y avait pour raisonner que des syllogismes permettant seulement de conclure du genre à l'espèce.

Le seul fait que le théorème de Ptolémée est démontrable prouve qu'il y a d'autres manières de raisonner.

Stuart Mill est un empiriste ; pour lui l'expérience seule compte, et le raisonnement ne nous apprend rien. Mais si la doctrine de Stuart Mill mène à des conclusions fausses, cela ne peut démontrer autre chose que la fausseté de ladite doctrine.

Pour comprendre que la démonstration est autre chose qu'une chaîne de syllogismes, et pour voir de quelle manière elle augmente nos connaissances examinons à nouveau cette proposition : « La somme des angles d'un triangle est égale à deux droits ».

La figure comporte un triangle ABC et une parallèle XAY au côté BC.

Nous avons en premier lieu appliqué le théorème des angles alternes-internes aux deux parallèles et à la sécante AB, c'est-à-dire à une portion seulement de la figure, en laissant de côté la droite AC.

Nous avons en second lieu appliqué le même théorème en laissant cette fois de côté la droite AB.

Enfin nous avons appliqué le théorème sur les angles réunis autour d'un point d'un même côté d'une droite en laissant de côté cette fois la droite CB.

En remplaçant les angles par d'autres égaux, nous avons obtenu la conclusion. A remarquer que cette conclusion laisse de côté la droite XAY.

Nous avons donc appliqué des propositions ne concernant pas la figure dans sa totalité mais une figure plus simple qui y est contenue.

Si donc notre démonstration réussit c'est que dans la figure on peut distinguer des figures plus simples agencées d'une certaine façon. On obtient une propriété d'une figure composée, à l'aide de propriétés de figures simples.

Si maintenant on objectait encore que l'on applique des théorèmes généraux à un cas particulier, celui de la figure, je répondrais :

Le cas de la figure n'est pas un cas particulier ; c'est *un cas hypothétique*. On ne considère dans la figure que ce qui a lieu par hypothèse, et les conclusions que l'on en tire ont autant de généralité que l'hypothèse.

J'ai expliqué autrefois comment le raisonnement nous apprend quelque chose de nouveau ; je vais reprendre ici cette explication.

On peut remarquer d'abord, dans l'exemple donné ci-dessus, qu'il y figure un triangle, et qu'il ne figure pas dans les propositions que l'on applique. On obtient cette figure compliquée en agençant des figures simples. En outre en menant par un sommet une parallèle au côté opposé, on a appliqué ce théorème : « par un point on peut mener une parallèle à une droite ». Ce théorème exprime une possibilité, *une existence.* De même l'axiome : « par deux points on peut toujours faire passer une droite » ou encore *il existe une droite passant par deux points,* exprime une existence. De même il existe un plan passant par trois points non en ligne droite, il existe une sphère de centre donné passant par un point donné, etc.

J'ai donné autrefois aux propositions de cette sorte le nom de *principes formateurs* ; ils permettent d'étendre le domaine de la géométrie, en construisant des objets nouveaux.

Par exemple considérons un cercle C, et un point A hors de son plan ; les droites joignant le point A aux points du cercle C forment un cône. La construction de ce cône est possible parce que par deux points il passe toujours une droite. Voilà donc un nouvel objet, un cône ; on le construit mentalement avec des droites de la même façon qu'un charpentier, avec des chevrons rectilignes, construit matériellement le toit conique d'un pigeonnier.

Si je coupe le cône par un plan j'obtiens une section conique, c'est encore un nouvel objet.

Sur ces nouveaux objets on peut raisonner à nouveau, appliquant encore les axiomes, et les propositions déjà démontrées, et l'on bâtit ainsi peu à peu l'édifice logique de la géométrie.

C'est ici le lieu d'examiner l'extension énorme prise par la géométrie dans les temps modernes, et d'en classer les différentes parties.

La géométrie dite élémentaire a pour objet l'étude des droites et des plans, des cercles et des sphères, et l'on peut ajouter à ces objets les cônes et les cylindres. Elle s'est enrichie de la géométrie du triangle, qui contient de nombreuses propositions se démontrant d'une façon élémentaire mais parfois assez compliquée.

La géométrie analytique, dont Descartes est l'inventeur a donné lieu à l'étude des courbes et des surfaces définies par des équations. Cette étude a été facilitée plus tard par l'introduction des points imaginaires.

On sait qu'une quantité imaginaire est une expression de la forme $a + bi$, où a et b sont des quantités ordinaires et i un symbole ou *clef*, qu'on traite dans les calculs comme une quantité dont on remplace le carré par — 1.

La légitimité des calculs sur les imaginaires est aujourd'hui absolument démontrée ; or si l'équation d'une surface est vérifiée lorsqu'on remplace x y et z par des quantités imaginaires, on dit que le point imaginaire (x, y, z) est situé sur la surface. Un point imaginaire, c'est simplement l'ensemble de trois valeurs imaginaires, il n'a aucune représentation spatiale mais cette manière imagée de parler est fort utile, et fournit même des méthodes précieuses.

L'espèce de géométrie dont nous parlons maintenant, peut s'appeler la *géométrie algébrique*.

Une autre espèce de géométrie est *la géométrie infinitésimale*, qui concerne les courbes et les surfaces quelconques ; elle a pris une grande extension et les quatre volumes de Darboux sur les surfaces concernent surtout cette espèce de géométrie.

Primitivement la géométrie étudie les lignes et les surfaces individuellement, elle a subi une extension considérable le jour où l'on a étudié des ensembles de surfaces, ou des ensembles de lignes, par exemple des ensembles de sphères ou de droites.

Dans cette énumération des diverses branches de la science j'ai laissé de côté bien des choses. J'ai omis de parler de la géométrie dite projective. Cette science est l'étude du groupe de transformations qui changent les droites en droites. Il y a deux espèces de ces transformations, d'abord les transformations dans lesquelles à un point correspond un point. Ce sont des *homographies*. Il est facile de voir qu'à un plan correspond un plan. Un plan en effet, est une surface sur laquelle une droite est située entièrement dès qu'elle y a deux points, et puisque l'homographie change les points en points et les droites en droites, elle transformera la droite joignant deux points en la droite joignant les deux points correspondants, et une surface contenant la première droite en une surface contenant la seconde. La surface transformée d'un plan aura donc la même définition, ce sera un plan.

La seconde espèce de transformations changeant les droites en droites est celle dans laquelle à un point correspond un plan. Alors à la droite joignant deux points A et B correspondra l'intersection des deux plans correspondants *a* et *b*. A un plan contenant 3 points A, B, C, correspondra le point où se coupent les trois plans *a*, *b*, *c*.

Cette seconde espèce de transformations constitue la *dualité*. Au moyen de la dualité on fait correspondre deux à deux les propositions de la géométrie projective. On change le mot point dans le mot plan et inversement ; les mots *point situé dans un plan* dans les mots *plan passant par un point* et inversement, etc.

A chaque énoncé on fait ainsi correspondre un autre énoncé, et l'on peut du reste transformer par le même procédé les démonstrations.

Le grand géomètre Chasles attachait à l'idée de

dualité une grande importance. Cette importance serait peut être diminuée par la façon de voir plus moderne dans laquelle à un point on fait correspondre une surface ou une courbe. On obtient ainsi les transformations dites *de contact*. On nomme *élément de contact* l'ensemble d'un point et d'un plan passant par ce point, ou, ce qui est la même chose l'ensemble d'un plan et d'un point situé dans ce plan. Considérons maintenant une surface par exemple. Un élément de contact sera dit appartenir à la surface, s'il se compose d'un point de la surface et du plan tangent en ce point. Si a tous les éléments appartenant à une surface une transformation fait correspondre des éléments appartenant à une autre surface pouvant accidentellement dégénérer en une ligne ou un point, c'est une *transformation de contact*. Ces transformations ont été imaginées et étudiées par Sophus Lie.

3° Méthodes

La logique ne comprend pas seulement l'art de raisonner mais aussi celui de découvrir que l'on nomme la méthode.

Les anciens distinguaient l'analyse et la synthèse, et pour faire comprendre en quoi elles consistent, je suppose qu'il s'agisse de démontrer une proposition, c'est-à-dire de trouver la chaîne reliant l'hypothèse à la conclusion.

Le plus souvent il est plus aisé de chercher d'abord le dernier chaînon, celui qui aboutit à la conclusion, puis l'avant dernier, et ainsi de suite en remontant jusqu'à l'hypothèse. Cette méthode est l'analyse, et lorsqu'on a ainsi trouvé tous les chaînons on reconstituera la démonstration en les replaçant dans leur ordre naturel ; c'est ce qu'on nomme la synthèse.

S'il s'agit de résoudre un problème, on pourra, par un procédé analogue le ramener à un autre plus facile et celui-ci à un autre, jusqu'à aboutir à un problème connu ; ce sera l'analyse ; on exposera ensuite la solution en suivant l'ordre inverse, et ce sera la synthèse.

Quelquefois la difficulté est grande, parce qu'on ne sait pas le résultat auquel on doit aboutir ; dans ce cas on est quelquefois conduit à ce résultat d'une façon naturelle par des méthodes parfois subtiles, auxquelles on peut encore donner le nom d'analyse. Dans d'autres cas on cherche à deviner le résultat, ou à l'obtenir par des tâtonnements qu'on peut encore rendre méthodiques.

Parmi les méthodes les plus générales en géométrie, figure l'usage des transformations ou correspondances, dont j'ai déjà parlé.

L'homothétie et l'inversion, par exemple, fournissent dans bien des cas des solutions simples. On trouve dans tous les traités l'étude de ces transformations.

Il y a plusieurs façons d'utiliser ces méthodes ; on peut transformer le problème entier en un autre plus simple, ou bien profiter de ce que la transformation laisse inaltérée une partie de la figure, pour obtenir une solution directe. Cette seconde façon de procéder est préférable. Je vais éclaircir cela par un exemple, en démontrant le théorème suivant (il s'agit de géométrie plane).

Si un cercle variable a coupe à angle droit un cercle fixe O, et touche un 1er cercle fixe, il touche un 2me cercle fixe.

Nous utiliserons l'inversion. Cette transformation en géométrie plane change un cercle en un autre cercle, et l'angle de deux courbes en un angle égal, toutefois si le pôle d'inversion est sur un cercle, ce cercle est changé en droite. Ces propriétés suffiront pour comprendre ce qui suit.

Reprenons l'énoncé ci-dessus et transformons la figure par une inversion dont le pôle soit sur la circonférence O.

Le cercle O se change en droite, le cercle a se change e n un autre cercle qui coupera la précédente droite à angle droit, ce qui revient à dire qu'il aura son centre sur cette droite. Or, un cercle ayant son centre sur une droite et touchant un 1er cercle fixe touche un 2me cercle fixe symétrique du 1er par rapport à la droite. On voit que le problème est ramené au cas particulier où le cercle O est remplacé par une droite.

La seconde manière d'utiliser l'inversion est de prendre pour pôle le centre du cercle O, et pour puissance d'inversion le carré de son rayon.

Le cercle O se change alors en lui-même, ainsi que tous les cercles le coupant à angle droit. Si un cercle coupant O à angle droit touche un 1er cercle fixe, il touchera aussi l'inverse de ce 1er cercle, c'est-à-dire un 2me cercle fixe.

On se sert ici de ce que l'inversion conserve le cercle O, et tous les cercles le coupant à angle droit ; alors le cercle variable se change en lui-même, et le cercle qu'il touche constamment se change en un 2me cercle.

La géométrie analytique employée à propos fournit d'excellentes solutions. Dans certaines questions elle constitue une méthode naturelle Deux questions de géométrie, de nature très différente sont quelquefois la traduction d'une même proposition d'algèbre. L'exemple suivant est emprunté à la géométrie supérieure.

On a d'une part le théorème de *Salmon*. « Si d'un point M pris sur une courbe du troisième degré on mène à la courbe quatre tangentes, n'ayant pas leur point de contact en M, le rapport anharmonique de ces quatre tangentes reste constant quand le point M se déplace sur la courbe ».

On a d'autre part la proposition suivante : « Le rapport anharmonique des quatre points communs à deux coniques, envisagés sur la première est égal à celui de leurs quatre tangentes communes, envisagées sur la seconde ».

Ces deux théorèmes se ramènent l'un à l'autre, mais comme ceci n'a pas un caractère élémentaire, je renvoie pour la démonstration au cours de géométrie analytique de M. Bouligand (nouvelle édition).

J'ai signalé cette méthode curieuse qui rapproche l'une de l'autre des propositions d'apparences totalement différentes.

L'étude des méthodes, l'art de découvrir et de démontrer, est essentiel dans l'enseignement, et l'élève ne doit pas se borner à apprendre des démonstrations toutes faites. L'enseignement actuel pèche sur ce point. On a même, chose inconcevable, supprimé des programmes l'étude de l'homothétie, qui cependant fournit pour la résolution des problèmes une méthode d'une grande fécondité.

4º Compatibilité des axiomes.

Lorsqu'on a établi un système d'axiomes servant de fondements à la géométrie, il reste encore à s'assurer que ces axiomes sont compatibles, c'est-à-dire que l'un d'eux n'est pas contradictoire avec l'ensemble des autres. On cherche pour cela un ensemble d'objets pour lesquels ces axiomes sont vrais.

Si l'on nomme point un système de trois nombres positifs ou négatifs x, y, z, et si l'on définit deux points coïncidants comme étant le même système de trois nombres, enfin si l'on appelle distance de deux points, x, y, z ; a, b, c la racine carrée de l'expression

$$(x - a)^2 + (y - b)^2 + (z - c)^2$$

On pourra établir, avec ces définitions la géométrie euclidienne. Pour avoir la géométrie non euclidienne, il faudrait changer la définition de la distance. On voit facilement comment on ferait une géométrie à plus de trois dimensions.

En procédant ainsi on démontre que la géométrie n'a rien de contradictoire, à condition qu'il en soit de même de la notion de nombre. Or, M. Weil a contesté cela, prétendant que l'idée de nombre irrationnel ou incommensurable renferme un cercle vicieux ; je vais montrer qu'il n'en est rien, mais pour ne rien laisser dans l'ombre, et être accessible à tous les lecteurs, je vais reprendre les choses d'un peu loin.

M. Weil admet que la notion de nombre entier n'a rien de contradictoire ; je ferai comme lui, et je passe d'abord à la notion de nombre rationnel ou fraction. On peut faire la théorie des fractions en partant de la notion d'entier. Multiplier un entier N convenablement choisi par une fraction 4/5 par exemple, c'est multiplier par quatre le nombre N et diviser par cinq le résultat. Une fraction est l'ensemble de deux entiers, dont l'un sert de multiplicateur et l'autre de diviseur. Pour la théorie des fractions ainsi définies on peut se reporter à l'arithmétique de M. Nievenglowski.

Une égalité entre fractions se ramène à une égalité entre entiers, en multipliant par un nombre convenablement choisi.

L'idée de nombre négatif ne doit pas nous arrêter ; ajouter — b, c'est retrancher b.

Au surplus M. Weil accepte tout ce qui précède, c'est seulement aux incommensurables qu'il paraît protester.

Dans les anciennes théories il y a réellement un cercle vicieux, ou tout au moins un postulat restant sans démonstration. Voici une définition que je copie dans un traité. « Le nombre qui mesure une grandeur A incommensurable avec l'unité, est par définition la limite vers laquelle tendent les valeurs approchées de A à un $n^{\text{ième}}$ près, lorsque n augmente indéfiniment ». Ceci est absurde. On ne connaît jusqu'ici que les nombres entiers et les fractions ; il s'agit de définir une nouvelle espèce de nombres. Les valeurs approchées de A ne tendent pas vers une limite qui soit entière ou fractionnaire, et si nous ne connaissons que ces sortes de nombres, nous ne pouvons pas dire que les valeurs approchées de A aient une limite. Pour que ceci soit vrai il faut avoir défini une nouvelle espèce de nombres.

M. Weil ne connait sans doute que cette définition ; il ignore ce qui a été fait dans cette voie depuis un demi-siècle. Les théories nouvelles suppriment en effet l'objection. Je parlerai seulement de la théorie de la coupure.

Faire une coupure dans les nombres, c'est donner un procédé pour diviser *tous* les nombres entiers ou fractionnaires en deux classes, tout nombre de la première classe étant inférieur à tout nombre de la seconde. Un nombre quelconque est dans l'une des deux classes et non dans les deux.

Exemple : mettons dans la 1re classe tous les nombres plus petits que *trois* et ce nombre lui-même, et dans l'autre tous les nombres plus grands que *trois*.

Ici la première classe contient un nombre supérieur à tous les autres nombres de la classe, à savoir le nombre *trois*. Au contraire, la 2me classe ne contient aucun nombre inférieur à tous les autres.

Si on avait mis le nombre trois dans la 2me classe, la première classe n'eut pas contenu de nombre supérieur à tous les autres, mais la seconde classe eut contenu le nombre *trois*, inférieur à tous les autres nombres de cette classe.

Mais il peut arriver qu'il n'y ait ni dans la 1re classe un nombre supérieur à tous les autres, ni dans la seconde un nombre inférieur à tous les autres. Pour donner un exemple, classons les nombres de la façon suivante. Nous mettons dans la 1re classe tous les nombres négatifs, et tous les nombres positifs dont le carré est inférieur à *deux*, et dans la seconde classe tous les nombres positifs dont le carré est supérieur à *deux*.

Comme il n'y a aucun nombre entier ou fractionnaire ayant pour carré *deux*, cette classification comprend bien tous les nombres entiers et fractionnaires.

Mais il n'y a pas dans la première classe de nombre plus grand que tous les autres ; je ne m'arrête pas ici à le démontrer ; pareillement il n'y a pas dans la seconde classe de nombre inférieur à tous les autres. Toutes les fois qu'on a obtenu une classification des nombres rationnels (c'est-à-dire entiers ou fractionnaires) possédant ces propriétés, on dira qu'on

a défini un nombre irrationnel (ou incommensurable); dans le cas considéré ce nombre est la racine carrée de deux.

Comme cette définition est très connue, je ne veux pas insister. On dit qu'on fait une *coupure* dans les nombres ; un nombre irrationnel est une *coupure* dans les nombres. J'insiste seulement sur ce fait que cette définition n'est accompagnée d'aucun axiome. Il y a des nombres de cette espèce, j'en viens de donner un exemple.

M. Weil est donc mal fondé à dire que la notion de nombre irrationnel contient un cercle vicieux, et la compatibilité des axiomes géométriques se trouve bien démontrée.

A noter que la théorie de la coupure, dont je viens de parler a été faite précisément pour ramener toutes les mathématiques à la notion de nombre entier.

TROISIÈME PARTIE

1º L'espace

Les philosophes ont cherché une définition de l'Espace, mais l'Espace ne se laisse pas définir. C'est une notion seule de son espèce, ne ressemblant à aucune autre, et lorsque nous réfléchissons à cette notion, elle nous parait d'abord dépourvue de toute propriété, et il n'y a, semble-t-il, rien à en dire. On ne peut, par aucun moyen désigner un point de l'Espace pur ; cela n'a pas de sens.

Lorsque vous parlez des nombres entiers, vous pouvez en citer un, *dix-sept* par exemple, mais lorsqu'il s'agit des points de l'Espace, il parait impossible d'en désigner un.

Il s'agit de l'Espace pur ; vous pouvez bien dire : soit P un point du globe, le sommet du Mont Blanc, par exemple, mais il s'agit ici d'un point de la terre, mobile avec elle, et non d'un point de l'Espace pur.

Nous tournerons la difficulté en supposant que l'Espace adhère en quelque sorte à un corps invariable ; ce corps sera nommé le corps de référence. Prenons alors trois plans rectangulaires invariablement liés à ce corps, et appelons coordonnées d'un point M les distances de M à ces trois plans, chaque distance étant affectée du signe *plus* ou du signe *moins*, selon que le point M est d'un côté ou de l'autre du plan correspondant.

Alors, l'unité de distance étant supposée choisie, on pourra désigner un point par ses coordonnées, — 3, + 2 et + 7 par exemple.

Il est clair que si l'on change de corps de référence, les points qui étaient fixes avec l'ancien corps peuvent devenir mobiles avec le nouveau.

On peut prendre le globe terrestre pour corps de référence, et la position d'un point sera définie par sa latitude, sa longitude et son altitude.

Les astronomes choisissent des axes qui ne tournent pas avec la terre, profitant de ce que les droites joignant la terre aux étoiles très éloignées fournissent des directions fixes ; enfin pour plus de commodité encore ils supposent l'origine des axes au centre du soleil.

L'Espace a trois dimensions ; cela veut dire que la position d'un point est déterminée par trois quantités, comme nous venons de le voir. Un ouvrage récent, intitulé *La vie de l'Espace* est consacré en grande partie à une quatrième dimension qui nous serait en quelque sorte inconnaissable, mais dont nous pouvons soupçonner l'existence.

Cela a un caractère bien métaphysique, et l'on peut envisager les choses d'une façon plus naturelle.

Tout d'abord il n'y a rien de contradictoire à envisager un Espace à quatre dimensions ou plus ; on nommera point un système de quatre nombres (ou plus) positifs ou négatifs et l'on fera la théorie des ensembles de points ainsi définis. Une telle géométrie purement numérique n'a pas de sens concret ; on peut envisager des géométries à un nombre quelconque de

dimensions, *ayant un sens dans l'Espace ordinaire* ;
cela est beaucoup plus intéressant, et je dois expliquer
avec détail cette façon d'envisager les choses.

Dans la façon usuelle de parler, l'Espace est l'ensemble de tous les *points* possibles, et il a trois dimensions parce que il faut trois quantités pour déterminer
un point.

Si nous envisageons l'ensemble de toutes les *droites*
possibles, cet ensemble se nommera *l'espace réglé*.
Or, pour déterminer une droite il faut quatre quantités.
Pour le montrer simplement prenons deux plans fixes ;
pour déterminer une droite il suffira de donner les
deux points où elle rencontre ces deux plans. Chacun
de ces points étant dans un plan donné n'a que deux
coordonnées, et cela fait bien quatre quantités pour
déterminer la droite.

L'espace réglé est donc à quatre dimensions. On
pourrait envisager l'espace des *sphères*, ensemble de
toutes les sphères possibles. Il est à quatre dimensions,
car pour donner une sphère il faut se donner les trois
coordonnées du centre, et le rayon.

On pourrait trouver de nombreux exemples ana-
logues, toutefois les propriétés intéressantes de ces
espaces ne sont point la traduction des propriétés de
l'espace ordinaire. Pour avoir un espace à quatre
dimensions analogue à l'espace ordinaire on peut
procéder comme il suit.

Choisissons une fois pour toutes une direction fixe.
Par un point P de l'espace ordinaire menons parallè-
lement à cette direction fixe un segment PM. Pour
donner ce segment il faut se donner les trois coordonnées de P, et la longueur du segment : cela fait
quatre quantités ; l'ensemble des segments PM est
à quatre dimensions.

Cela est tout à fait analogue à ce qu'on fait en géométrie descriptive. On représente un point M de l'espace par sa projection P sur un plan fixe et sa cote (distance PM). On remplace ainsi une figure de l'espace par une figure plane accompagnée de cotes.

Dans notre nouvel espace à quatre dimensions nous avons un espace à trois dimensions avec des cotes. J'ai lu autrefois dans le bulletin de la Société mathématique de France l'exposé d'une géométrie tout à fait analogue.

Je ne puis parler des espaces à plus de trois dimensions sans mentionner la façon dont M. Emile Borel envisage la théorie des gaz. Supposons n molécules de gaz enfermées dans une enceinte ; ces n points ont $3\,n$ coordonnées. $3\,n$ est un très grand nombre ayant environ 24 chiffres. M. Borel envisage ces $3\,n$ quantités comme les coordonnées d'un point unique dans l'espace à $3\,n$ dimensions. Ceci facilite la théorie d'une façon inattendue.

Il est bien remarquable que cette notion d'Espace à plus de trois dimensions intervienne non dans une théorie abstraite, mais dans une question de physique.

Enfin je parlerai de *l'Espace-temps* qui a quatre dimensions. C'est une notion qui intervient dans la théorie de la relativité mais qui en est indépendante.

Ce que nous appelons ici l'Univers n'est point l'ensemble des choses actuellement existantes, c'est l'ensemble de toutes choses passées, présentes ou futures. Si en un certain point de coordonnées x, y, z, il se passe quelque chose à l'époque t, on a ce qu'on nomme un *point évènement*, dont les coordonnées sont x, y, z et t. Cela fait un espace à quatre dimensions qu'on nomme l'espace-temps. Cette notion est très intéressante en ce qu'elle montre les choses sous un aspect nouveau ; un événement passé n'est pas un événement qui n'existe plus, c'est un événement dont la coordonnée t est inférieure à celle de l'époque actuelle.

Revenons à l'Espace ordinaire. Pour appliquer la géométrie aux sciences physiques il est indispensable, presque toujours de considérer l'Espace comme l'ensemble des points. Il a donc trois dimensions.

Ainsi tandis que dans la géométrie pure règne la plus grande liberté, dans la géométrie appliquée il y a obligation de considérer les axiomes comme ayant un sens absolu. Les mots ne peuvent plus changer de sens, car il s'agit d'exprimer des choses concrètes : il semble que ce sage principe ait été oublié dans la théorie d'Einstein, et que ce soit là précisément la raison de l'étrangeté de cette théorie.

Un physiologiste a voulu voir dans les canaux semi-circulaires de l'oreille, disposés suivant trois directions rectangulaires, le siège de la notion de l'espace à trois dimensions. « Ainsi se trouve résolue physiologiquement dit-il en substance, une question restée insoluble pour les plus grands philosophes ».

Ceci est une explication bien étrange. On semble dire : s'il y avait plus de 3 canaux semi-circulaires (orientés suivant plus de trois directions rectangulaires) l'espace aurait plus de trois dimensions. Cela est visiblement absurde ; il ne peut pas y avoir ni dans l'oreille ni ailleurs plus de trois directions rectangulaires deux à deux. L'oreille est dans l'espace et ne peut avoir que 3 dimensions. Supposer que les propriétés générales de l'espace dépendent de celles de l'oreille est manifestement absurde.

L'espace est divisible à l'infini. Cette proposition

est une conséquence des axiomes de géométrie. Considérons un cube ayant pour côté l'unité. Nous pouvons, par le milieu de chaque arête mener un plan perpendiculaire à cette arête et diviser ainsi le cube en huit cubes égaux. On peut opérer de même sur chacun de ces huit cubes ce qui fournit 64 cubes et on pourra continuer ainsi indéfiniment. Aucun axiome de géométrie ne se rencontrera pour mettre obstacle à votre fantaisie.

On voit bien que notre division de l'espace à l'infini est chose purement mentale. Cette proposition que le cube de tout à l'heure peut être divisible autant qu'on voudra n'est empirique à aucun degré car cette division n'est point physique, et se fait par la pensée. La divisibilité à l'infini est une conséquence des axiomes. Dans ce qui précède on a admis que toute droite à un milieu, ceci ne pourrait être faux que si les axiomes étaient contradictoires ; on a vu qu'ils ne l'étaient pas.

Je ne parle pas de la divisibilité de la matière ; c'est chose très différente. Descartes confondait ces deux choses. Un cube de cuivre est pour lui un cube dont l'intérieur a les propriétés du cuivre, et le raisonnement fait pous un cube quelconque s'applique à un cube de cuivre. On sait que les modernes envisagent les choses autrement.

A la divisibilité se rattachent les paradoxes de Zénon, ou des Eléates. Celui de la tortue est célèbre. Achille va dix fois plus vite qu'une tortue dont il est séparé par un stade.

Pendant qu'il parcourt ce stade, la tortue en parcourt un dixième. Pendant qu'Achille parcourt ce dixième la tortue parcourt un centième, etc. Il reste toujours un intervalle entre Achille et la tortue, et il semble que celle-ci ne sera jamais atteinte.

C'est qu'on oublie de tenir compte des temps. Prenons pour unité le temps mis par Achille pour parcourir un stade. L'intervalle suivant est dix fois plus petit, le temps sera 0,1. Pour le suivant ce sera 0,01, etc. La somme de tous ces temps n'est pas infinie, c'est la fraction illimitée 1,1111... elle vaut *dix neuvièmes* comme on l'apprend en arithmétique, ou encore en divisant dix par neuf.

Le sophisme de la flèche est simple mais très subtil. La flèche qui vole est immobile, car elle ne peut se mouvoir dans le lieu où elle est, puisqu'elle l'occupe tout entier, elle ne peut non plus se mouvoir là où elle n'est pas.

On peut répondre : le lieu où est la flèche se meut avec elle.

CONCLUSION

L'Espace n'a par lui-même aucune propriété, il n'est ni euclidien, ni non euclidien, il n'a pas de courbure, en dépit des théories relativistes.

Dans cet espace indifférent les géométries non euclidiennes, les géométries à n dimensions, et beaucoup de théories n'ayant en apparence rien de spatial, reçoivent une interprétation. On conçoit alors la géométrie comme une science universelle, se mêlant à toutes les autres, et la plus belle de toutes, laplus digne d'être étudiée.

TABLE DES MATIÈRES

Imp. des Presses Universitaires de France — Paris–Saint-Amand
21-5-1929.

LES PRESSES UNIVERSITAIRES DE FRANCE

49, Boulevard Saint-Michel — PARIS (5e)

PRIX : **10** francs